EAUX MINÉRALES

DE POUGUES,

BAINS ET DOUCHES[1].

ANALYSE

DES

EAUX MINÉRALES DE POUGUES.

—

Rapport fait à la Commission des Eaux minérales de l'Académie royale de Médecine, par MM. BOULLAY *et* HENRI.

L'une des plus importantes attributions de l'Académie comprend l'étude chimique et médicale des eaux

[1] Pougues-les-Eaux est un chef-lieu de canton de l'arrondissement de Nevers, sur la grande route de Paris à Lyon, trois lieues en deçà de Nevers, en partant de Paris, ayant une direction de poste aux lettres et une poste aux chevaux.

minérales qui jaillissent sur presque tous les points de la France, et cette compagnie semble même appelée à compléter l'étude hydrologique du pays.

De l'examen attentif des rapports adressés annuellement par les médecins inspecteurs, il résulte que, si, pour beaucoup d'espèces, la nature chimique et l'action sur l'homme sont bien déterminées, il reste encore pour un grand nombre des lacunes à remplir, principalement sous le rapport de leur analyse.

Ainsi, une partie des sources minérales n'ont été expérimentées que d'une manière superficielle; d'autres ont été analysées avec soin ; mais la plupart des analyses sont déjà très anciennes, et les auteurs n'ont pu mettre à profit les moyens nouveaux acquis par la science et dont l'application pouvait seule donner des résultats plus certains.

Les eaux de Pougues se trouvent dans cette dernière catégorie.

Parmi les divers travaux dont elles ont été l'objet, un seul offrant un véritable ensemble, a été publié par Hassenfratz, mais il date de 1789 ; il était donc naturel de penser, malgré la réputation scientifique d'Hassenfratz, que quelques principes des eaux de Pougues avaient pu lui échapper.

La commission des eaux minérales a adopté cette idée, et nous a chargés de les examiner de nouveau.

Pougues, bourg du département de la Nièvre possède deux sources connues depuis fort longtemps et rendues célèbres par l'usage qu'en firent Henri III, Catherine de Médicis, Henri IV, Louis XIV, etc.

La plus abondante est la source employée pour *boisson ;* elle est très abondante, sa température est froide, elle bouillonne à la source par l'effet d'un dégagement d'acide carbonique, et sans doute aussi d'un peu d'azote.

La pesanteur spécifique de l'eau de Pougues à 12° c. sous la pression de 0,76, est de 1003,12. La saveur est aigrelette et assez agréable, sa limpidité parfaite ; mais, exposée à l'air, elle se trouble, laisse déposer quelques flocons *ocracés*, en même temps qu'il s'y forme spontanément des cristaux rhomboédriques de *carbonate calcaire*.

Si on chauffe l'eau de Pougues, il s'en dégage en abondance du gaz acide carbonique, et il s'y fait en même temps un dépôt blanc rosé abondant, et des flocons rougeâtres nagent dans la liqueur.

Les bouteilles adressées par l'établissement de Pougues nous sont parvenues dans un état parfait de conservation; le liquide qui s'y trouvait contenu avait une grande limpidité.

Voici les principaux résultats de cette analyse.

Pour 1,000 grammes de cette eau minérale nous avons trouvé :

	Grammes.
Acide carbonique libre.	1 5,829
Carbonate de chaux.	0 9,240
Carbonate de magnésie.	0 5,760
Carbonate de soude anhydre (avec des traces sensibles de carbonate de potasse).	0 4,500
Sulfate de soude anhydre.	0 2,700
Sulfate de chaux.	0 1,904
Chlorure de magnésium.	0 3,500
Silice et alumine.	0 0,350

Phosphate de chaux ou d'alumine,   traces sensibles.
Paroxide de fer. 0 0,204
Matière organique. 0 0,300
   Les substances fixes sont donc pour 1,000 grammes de 2 grammes 8,350.

   Cette composition, fournie par l'expérience, conduit à considérer l'eau de Pougues intacte, ainsi composée :

Acide carbonique libre [1] 1|3 litre environ ou. 0 5,957
Bicarbonate de chaux. 1 3,269
Bicarbonate de magnésie. 0 9,762
Bicarbonate de soude anhydre (avec traces
   de sel de potasse). 0 6,762
Bicarbonate de paroxide de fer. . . . 0 0,206
Sulfate de soude anhydre. 0 2,700
Sulfate de chaux. 0 1,900
Chlorure de magnésium. 0 3,200
Matière organique soluble (glairine). . 0 0,300
Phosphate de chaux ou d'alumine,   des traces.
Silice et alumine. 0 0,350
Eau pure. 995 5,694
                       100 0,000

   Cette analyse donne avec plus de détails la composition de l'eau de Pougues, que celle qui avait été faite par Hassenfratz et que nous avons cru inutile de reproduire ici ; elle offre de plus quelques substances qui n'avaient pas été indiquées par le chimiste ou dont les proportions n'avaient pas été précisées.

[1] A la source, cette proportion d'acide carbonique doit être plus considérable.

On peut conclure, toutefois, que cette eau minérale n'a pas subi de notable changement depuis environ un demi-siècle; car en additionnant les deux carbonates terreux (de chaux et de magnésie) que nous avons distingués, tandis qu'Hassenfratz n'avait fait aucune mention du dernier de ces deux sels, les moyens et les méthodes pour séparer ces deux sels n'étant pas alors aussi bien connus qu'aujourd'hui, si on considère comme *anhydre* et non à l'état cristallisé le sulfate de soude qu'il avait obtenu, on aura : carbonate terreux 1,423, au lieu de 1,500, et carbonate solide 0,6,700, au lieu de 0,4,500, quantités qui n'offrent pas de différences extrêmes dans la masse des matières salines. Ceci confirme encore l'opinion émise plus haut, que la nature de l'eau de Pougues n'a pas varié.

Nous pensons encore que notre analyse représente, autant que possible, la composition réelle de cette eau minérale.

Signé Henri et Boullay, *rapporteurs.*

Lu et adopté en séance, le 18 février 1838.

Le Secrétaire perpétuel,

Signé E. Pariset.

L'eau de la source des bains a été découverte en 1833. Elle est renfermée dans un vaste bassin construit de manière à donner un assez grand nombre de bains. Cette nouvelle source n'a pas été exactement analysée. M. Orfila, qui l'a explorée, a reconnu du fer, du carbonate de chaux, de soude; la couleur noire que prend le plomb décapé, quand il est mis dans cette source, démontre, ainsi que l'odorat, la présence d'un gaz hydrogène sulfuré.

Les eaux de Pougues, qui sont si efficaces dans un grand nombre de maladies, après avoir joui de beaucoup de célébrité, et avoir été très fréquentées, furent délaissées, parce qu'on négligea d'entretenir l'établissement.

Depuis quelques années, on y a fait exécuter les travaux et les constructions nécessaires pour qu'il présentât toutes les commodités que l'on peut désirer. Il est même exact de dire qu'il est entièrement réédifié, avec bains et douches ; et les eaux recommencent à attirer le même concours de malades qu'autrefois.

En ranimant d'une manière particulière l'énergie de l'estomac et des intestins, elles modifient avantageusement un assez grand nombre de maladies du bas-ventre. On peut citer des maladies du canal intestinal, connues sous la dénomination de gastrites, ou de gastro-antérites chroniques, selon que l'estomac ou les intestins sont affectés, qui avaient résisté à tous les moyens que suggère la méthode anti-phlogistique, d'après la doctrine de Broussais, et qui ont été guéries par les eaux de Pougues. En réglant l'action des organes digestifs, elles combattent cet excès de sensibilité, cette anomalie dans les lois de la force vitale.

Le traitement de ces affections, aussi souvent nerveuses qu'inflammatoires, est long ; il dépasse la durée d'une saison ordinaire. L'eau doit alors être donnée à petites doses, en commençant par un demi-verre coupé avec une boisson adoucissante ; on augmente ensuite graduellement, jusqu'à trois à quatre verres au plus, et l'on fait usage en même temps des bains; ils se prennent tous les jours ou tous les deux jours ; on les prépare avec l'eau de la source ferrugineuse-sulfureuse ; ils sont fortifiants, exercent une action tonique, et développent celle de l'eau prise en boisson.

S'il survient de l'insomnie et une trop vive excitation, on interrompt le traitement pendant quelques jours.

On peut affirmer que l'usage des eaux de Pougues, prises en boisson, en bains et en douches, est suivi des plus heureux résultats dans les maladies suivantes :

« Les coliques hépatiques produites par des embar-
« ras des conduits du foie (concrétions biliaires).

« Les engorgements chroniques, dits obstructions,
« ceux du foie et de la rate.

« Les fièvres intermittentes, quartes, que n'a pu
« détruire le quinquina.

« La stérilité chez les femmes, occasionnée par l'ab-
« sence des mois.

« Les écoulements muqueux chez les femmes comme
« chez les hommes.

« Les pâles couleurs chez les jeunes filles irréguliè-
« rement réglées ; quelques exanthèmes chroniques
« provenant de l'altération des viscères abdominaux

« La leucophlegmatie qui tient à l'inertie des suçoirs
« absorbants. »

Dans les maladies des systèmes glandulaire et lym-
phatique, sans ulcérations, où peut-on trouver des
eaux plus appropriées que celles de Pougues? Après
le bain, le choc de la douche, d'une chute de vingt
pieds, à 34 degrés Réaumur, favorise la résolution de
ces engorgements scrofuleux.

Plusieurs observations recueillies en 1834 et 1835,
démontrent que leur usage est applicable dans les
cas de ténia (ver solitaire), et de diathèse vermi-
neuse.

C'est surtout dans le traitement des maladies des
voies urinaires, que les eaux de Pougues se sont acquis
une réputation bien méritée.

Par l'usage de ces eaux, prises intérieurement et ex-
térieurement sous forme de bains, les graveleux sont
à l'abri des complications qui accompagnent cette maladie ; les plus graves sont des coliques néphrétiques,
des douleurs dans la vessie, dans le canal de l'urêtre,
et des rétentions d'urine.

Chez les habitués de Pougues qui ont la gravelle,
les graviers, quand ils ne sont pas ramollis, complète-
ment dissous, sont expulsés facilement ; ils sont en-
traînés par le cours des urines.

L'action alcaline des sources de Pougues a pour
effet de diminuer le volume des graviers et calculs
formés, et d'empêcher le développement de nouvelles
concrétions urinaires, en neutralisant, par une combi-
naison chimique, le principe (l'acide urique) qui les
produit.

Leur efficacité est incontestable dans le catarrhe de

vessie, entretenu par une période d'atonie; dans cette maladie, comme dans les écoulements morbides, elles diminuent sensiblement les sécrétions muqueuses (la leucorrhée), en même temps qu'elles fortifient tout l'organisme.

Si la similitude observée entre la gravelle et la goutte est exacte, quoique ces deux maladies aient leur siége dans des organes différents, ce qui ne serait pas douteux, d'après les travaux des médecins qui se sont occupés de leur nature et de leur traitement, on en conclura que les eaux de Pougues, très recommandées contre la gravelle, seront d'un grand secours contre la goutte, avec la précaution de suivre pendant longtemps un régime convenable.

On vient aussi à Pougues pour un grand nombre d'affections secondaires, qu'il serait inutile de rappeler dans cette notice.

On pourrait citer de nombreux exemples de guérisons extraordinaires opérées par les eaux de Pougues, dans toutes les circonstances morbifiques qui ont été précédemment examinées, particulièrement dans les maladies de l'estomac, du foie, de la rate, des voies urinaires. A l'appui de ces assertions, d'ici à peu de temps, de nombreuses observations seront publiées, particulièrement sur le traitement des gastralgies; des faits remarquables feront connaître que la source gazeuse et ferrugineuse, analysée par MM. Boulay et Henri, est éminemment efficace pour l'*estomac*. Et à l'appui de cette efficacité, nouvellement constatée, qu'il soit permis de citer la guérison suivante.

Observation.

Gastralgie, considérée pendant plusieurs années
comme affection organique.

Madame Niepce, demeurant à Châlons-sur-Marne, douée d'une bonne constitution, d'un tempérament sanguin-bilieux, âgée de vingt-huit ans, éprouvait depuis trois années, avant son voyage dans le Nivernais pour faire usage des eaux de Pougues, une irritation chronique considérée comme inflammatoire des organes digestifs, avec vomissements annoncés par les plus vives douleurs pendant le travail de la digestion. La malade, pâle et décolorée, portait sur le visage une teinte jaune, qui accompagne le plus souvent une affection interne, profonde, pour ne pas dire organique.

Madame Niepce fut saignée par la lancette et par les sangsues ; on fit usage de bains, de cataplasmes émollients, calmants, d'une diète sévère ; pendant six mois elle vécut d'eau de poulet.

Les essais alimentaires, les plus minimes, augmentaient d'une manière insupportable les souffrances épigastriques ; alors vomissements déchirants.

Suivant la méthode indiquée dans les généralités sur les eaux de Pougues, l'eau de la source *ferrugineuse* et *gazeuse* lui est administrée de la manière suivante :

La malade boit le matin à jeun deux demi-verres mélangés avec un peu de lait ; cette quantité est augmentée d'un demi-verre chaque jour jusqu'à quatre verres de huit onces. L'eau ainsi coupée est mieux accueillie par l'estomac, étant bue dans le bain préparé avec l'eau de la source légèrement sulfureuse, découverte en 1833. Les bains sont de courte durée, et donnés peu chauds.

Pendant plusieurs jours, l'alimentation de bouillon de poulet, de celui de grenouilles, et d'un peu de lait, est continuée. Cependant l'estomac commence à se tranquilliser ; il est moins douloureux ; il ne tarde pas à désirer des aliments. Les nuits sont moins mauvaises.

Comme je le ferai remarquer dans toutes les observations de ce genre, le désir des aliments, le retour de l'appétit, sont constamment du meilleur augure dans le traitement de ces nombreuses affections par les eaux de Pougues.

Des potages au riz, avec le bouillon de volaille sont accordés à la malade ; ils sont bien digérés ; les forces commencent à renaître. L'eau de la même source a été donnée toujours blanchie de lait, sans interruption, ainsi que les bains. Pendant ce premier traitement, qui a été de trois semaines, les organes malades, ramenés à des conditions meilleures par la douce excitation des eaux qui agissent comme *un tonique, non irritant*, avaient besoin de repos ; le traitement fut interrompu.

L'alimentation est augmentée ; la viande blanche, bouillie et rôtie, est assez bien digérée ; le visage commence à prendre un meilleur aspect. Sous l'influence d'un aussi heureux changement dans l'exercice des fonctions digestives, madame Niepce reste à Pougues, où l'air y est excellent, jusqu'à la fin de la belle saison. Elle y était arrivée dans le mois de juin 1834.

Un second traitement est suivi ; à la fin du mois de juillet suivant, l'eau de la même source , avec addition d'une petite quantité de lait , est donnée tous les jours, pendant vingt-cinq jours , jusqu'au nombre de quatre verres ; les bains sont continués de même, avec le même succès. Tous les symptômes alarmants décrits avant le traitement , se dissipèrent entièrement ; harmonie complète dans l'exercice de toutes les fonctions nutritives ; les évacuations périodiques sont rétablies. Madame Niepce ne tarde pas à reprendre son embonpoint et toute sa fraîcheur.

Cette amélioration inattendue, qui est devenue plus tard une *complète guérison*, s'est opérée sous les yeux des buveurs et baigneurs de cette époque, au nombre desquels on peut citer plus particulièrement madame la duchesse de Montébello, madame sa sœur et son fils, monsieur le comte de Guénéheuc, pair de France, monsieur le duc de Praslin, pair de France ; ces personnes de haute distinction sont nommées, ainsi que madame Niepce, pour donner à ce fait, pris parmi cent autres aussi remarquables, un caractère de vérité que personne ne pourra contester.

Les eaux de Pougues agissent selon la différence des tempéraments, tantôt par les sueurs , rarement par les selles , le plus souvent en déterminant une crise par les urines.

Assez souvent la guérison s'opère pendant ou après

l'usage des eaux , sans crise appréciable , sans trouble et sans perturbation.

Habituellement, chez les personnes qui font usage des eaux de Pougues , les urines sont alcalines , soit qu'elles les prennent en bains ou en boisson.

Lorsque leur usage doit produire d'heureux effets , le malade éprouve plus d'appétit et plus de facilité dans ses digestions.

Dans le cas contraire, elles causent des inosmnies , quelquefois de la diarrhée ; il convient alors d'en suspendre l'usage jusqu'à ce que les indications étant saisies par le médecin , on puisse y revenir avec la prudenee nécessaire.

Dans toutes ces maladies, on commence par boire, le matin , à jeun , un ou deux verres de l'eau de Pougues, avec ou sans mélange , le lendemain on en prend un verre de plus, en mettant quinze à vingt minutes d'intervalle entre chaque verre , et ainsi de suite, en augmentant d'un verre chaque jour, jusqu'à ce qu'on ait atteint le nombre de verres auquel on doit se fixer, qui est de 3 à 4 dans les cas de gastralgie ; et qui peut être porté jusqu'à 8 , 10, et 12 dans la gravelle et autres affections abdominales, lorsque l'estomac est dans de bonnes conditions.

On les boit en se promenant, quelquefois dans son lit , avant et après la douche , et dans le bain. On ne doit déjeuner qu'une heure et demie après avoir cessé de boire.

Avec le vin blanc, elles sont mousseuses, pétillantes et fort agréables ; l'auxiliaire du vin les rend toniques. Les personnes qui font usage des eaux de Pougues, et qui peuvent, sans inconvénient, boire du vin pendant leur traitement, les boivent avec une partie égale de vin blanc de Pouilly, pendant le déjeuner.

Mélangés avec moitié eau sucrée, elles facilitent la digestion, et peuvent aussi être employées par les personnes en santé, dont l'estomac exige des ménagements.

Le régime à suivre, et les précautions à prendre pendant l'usage des eaux de Pougues, doivent être modifiés selon les individus et selon le genre de maladie, ces différentes indications font la base du traitement dirigé par le médecin inspecteur, qui demeure à Pougues pendant la saison des eaux, c'est-à-dire, depuis le 15 mai jusqu'à la fin de septembre.

Lorsqu'elles sont bouchées et bien cachetées dans des bouteilles de verre, ou mieux dans des demi-bouteilles, elles se transportent au loin et se conservent longtemps, si on a la précaution de les déposer dans un endroit frais, et de les laisser couchées.

La position des eaux est des plus agréables : la proximité de Nevers, chef-lieu du département (3 lieues de poste), permet de s'y procurer tous les objets d'utilité et d'agrément que peut fournir une grande ville.

Des sites pittoresques, plusieurs usines des plus belles de France, Fourchambaut, Guerigny, Imphy, situés à de petites distances, offrent des buts de promenades agréables et variés.

On trouve à Pougues plusieurs auberges, des logements commodes dans des maisons bourgeoises, disposées pour recevoir des étrangers pendant la saison des eaux; on peut se faire servir chez soi, ou manger à table d'hôte. Le principal bâtiment destiné à cet usage est une vaste maison, faisant partie de l'établissement, située à peu de distance des sources, au bas du bourg de Pougues, à l'entrée de l'avenue des eaux, indiquée par deux colonnes, portant l'inscription des

EAUX et BAINS de POUGUES.

Les malades peuvent s'y établir comme pensionnaires; la table y est bien servie; deux salons et un billard sont à leur disposition.

Les eaux de Pougues sont à la portée de toutes les fortunes; les indigents y sont soignés gratuitement.

On trouve des eaux de Pougues à Paris, à l'hôtel de Montmorency, boulevard des Italiens, 20 bis; et dans les différents dépôts d'eaux minérales établis dans la capitale.

Le médecin inspecteur,

HECTOR MARTIN,

D.-M.-P.

EXTRAITS

RELATIFS AU RAFFINAGE DES SELS

DE LA MINE DE VIC.

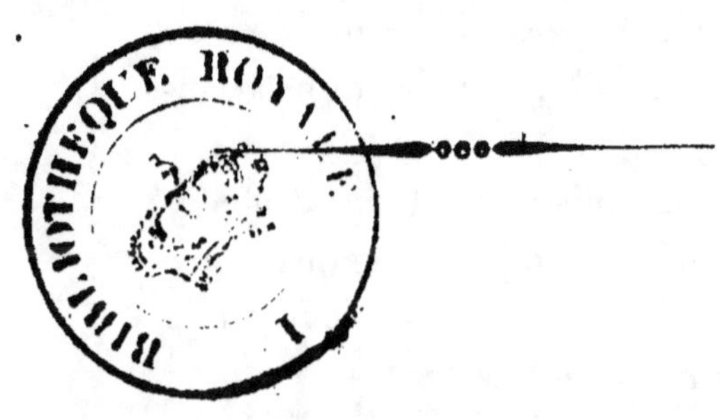

PARIS,

ADRIEN ÉGRON, IMPRIMEUR-LIBRAIRE,

RUE DES NOYERS, Nº 37;

PONTHIEU, LIBRAIRE, AU PALAIS-ROYAL.

1825.

La Commission a cru devoir se borner à réclamer la prescription générale du raffinage : et du moins c'est faire un pas dans les voies de la justice ; c'est forcer la cupidité à se trahir elle-même.

Sans dériver aucunement de la ligne des principes, on se plaît à exposer, à l'appui de son amendement, quelques extraits qui en démontrent la nécessité.

Mais le plus fort argument en faveur du raffinage, consiste dans la vue des pierres salées provenant de la mine. Il serait fort à désirer que tous les membres de la Chambre pussent examiner celles qui sont entre les mains du respectable rapporteur et du noble et loyal député de Château-Salins.

On doit regretter que le ministre n'ait pas daigné y laisser tomber un regard, lorsqu'une personne distinguée les mit sous ses yeux, en lui disant : « Monseigneur, est-ce donc cela que vous voulez nous faire avaler ? »

Versailles, le 25 mars 1825.

EXTRAITS

RELATIFS AU RAFFINAGE DES SELS

DE LA MINE DE VIC.

SUR LE RAFFINAGE SIMPLE.

A L'ÉGARD de l'obligation de ne livrer que des sels raffinés, elle est recommandée par les habitudes et les droits acquis de la population qui est approvisionnée par les salines de l'Est. Bien que les habitans de cette zône soient libres en apparence, de se fournir en sel de mer, le prix énorme du transport y oppose un obstacle invincible; et leur désir de consommer des sels raffinés ne pourrait s'accomplir que par les voies de la contrebande.

Ainsi, il n'y a pas de choix, point d'option, point de concurrence relativement à eux; il y a monopole, non par l'effet de la loi, mais par la force des choses; et ce monopole, conféré à des traitans avides, deviendrait aussi odieux que celui de la gabelle, qui du moins vendait des sels appropriés à leurs goûts.

On ne peut mettre en doute que les fermiers auraient un immense bénéfice, par l'épargne du

raffinage, par l'économie du transport et la réduc-
tion du déchet, à ne livrer dans cette vaste con-
trée, peuplée de deux millions d'hommes, que des
sels bruts, soit en blocs, soit en poussière : ce
dernier parti qu'ils prendraient de préférence,
leur offrirait le moyen aussi lucratif pour eux,
que funeste pour les consommateurs, de débiter
les sels de la qualité la plus inférieure, dont la
pulvérisation voile l'impureté naturelle, surtout en
les alliant avec d'autres sels d'une nuance blanche.

Voyez seulement s'il vous plaît d'ériger une
sorte de banalité, plus dure qu'il n'y en eut jamais; et d'inféoder les sujets du Roi, à titre de
vassaux, de serfs, à la bande impitoyable.
(État de la question, p. 19, 20.)

L'Europe ne nous offre qu'un seul pays, l'Espa-
gne, qui réunisse à ses salines de mer, une mine
de sel gemme, et d'après la notice sur la mine de
Vic, p. 7, d'après des données encore plus pré-
cises, l'exploitation de la mine est tout-à-fait insi-
gnifiante.

Sur les rives de la Baltique, il n'y a pas encore
cinquante ans, nos sels de mer s'exportaient en
abondance, en dépit des mines de Pologne : il a
fallu pour nous y fermer les ports, des traités de
commerce favorables à l'Angleterre, et depuis
qu'ils se fournissent dans ce pays, on voit dans la
Richesse minérale, tome 1er, qu'il arrive de Liver-
pool vingt mille lasts de sel raffiné, et seulement
trois mille lasts de sel gemme.

En Angleterre, suivaut la notice même, (p. 15)
la fabrication des sels raffinés monte à quinze
cents mille quintaux, quantité suffisante pour la
consommation de ce royaume, et l'exportation
s'élève à huit cent mille quintaux en sels bruts,

(7)

qui sont, comme on sait, raffinés en Hollande et
en Belgique.

(Etat de la question, p. 21, 22.)

Voilà des faits, et voici la cause : « *L'âcreté
connue et l'impureté du sel gemme*, le rendent
désagréable au plus grand nombre de consommateurs, et impropre à plusieurs des emplois du sel
blanc. » (Richesse minérale, tome I, p. 197.)

A cette autorité, la première de toutes dans la
matière, on peut joindre en manière de commen-
taire, quelques phrases échappées aux auteurs de
la notice.

La mine de Durremberg donne une mauvaise
qualité de sel, (p. 12.)... Les sels de Nortwich con-
tiennent une si forte dose de magnésie, que plusieurs bils en défendent l'usage, sans un raffinage
préalable. (p. 13.)...... Le sel de Wiélisca varie
du gris-clair, au vert et au noir foncé : le même
bloc offre diverses nuances; souvent le sel du plus
beau gris renferme des parties terreuses, ou une
substance noirâtre qui s'enflamme à l'air. (p. 23.)

(Etat de la question, p. 23, 24.)

On lit dans la notice sur les sels extraits des
sources salées, des passages frappans. « En 1760,
le sel des salines de Lorraine était devenu si insalubre, que son usage causa des maladies. Le
peuple s'en plaignit; et la chambre des comptes de
Nancy fit jeter à la rivière tous les sels non purifiés; et le parlement de Besançon adressa des remontrances au Roi, sur leur qualité corrosive; et
un membre de l'Académie, envoyé pas le gouvernement, reconnut la justice des plaintes.
(p. 49.)

Enfin, le rapport des commissaires affirme qu'on

(8)

n'a jamais porté de plaintes au sujet des sels de
mer, et qu'il n'en a pas toujours eté de même
pour les sels fournis par les salines de l'Est.
(p. 78.)

Or, les sources salées qui se chargent en tra-
versant les couches de la mine, ne peuvent con-
tenir que les principes qu'elles y recueillent, et il
faut que l'impureté, l'insalubrité de ces couches,
soient au plus haut degré, puisque des effets
aussi funestes se manifestent après l'ébullition.

(Etat de la question, p. 24, 25.)

Un chimiste distingué, et exercé à cette sorte
de travail, a bien voulu l'exécuter sur quatorze
échantillons, pris dans toutes les sortes de sels
demi-gris et gris, parmi une quantité de dix mille
kilogrammes, déposés dans une manufacture de
sel amoniac.

Cette analyse, insérée à la fin de cet écrit, démontre que les quatorze morceaux ont donné, en
résidu insoluble, 25 pour 100, un quart de la
masse salifère, et qu'un cinquième de ce résidu
se composait de sulfate de chaux, lequel forme
ainsi le vingtième des échantillons bruts. En est-
ce assez pour éclairer? Un quart de matières in-
solubles, un vingtième de substance insalubre,
tel est le terme moyen des provenances de la
mine.

Et notez que les élémens divers, mêlés ensemble dans les couches de la mine, y sont combinés
de manière que des fragmens, dont l'aspect sem-
blait attester la pureté, ont donné, par la lixiva-
tion, un résidu de 10 à 15 pour 100.

Ainsi, l'œil le plus exercé que guiderait l'esprit
le plus impartial, se verrait trompé à chaque instant par la forme et la couleur apparentes des

sels, dont la dégradation successive devient presque insensible : ainsi toute vérification se trouverait impossible, et la faculté d'extraire du sel blanc pur s'étendrait en peu de temps à toutes les autres sortes de sel.

(Etat de la question, p. 30, 31.)

Les fermiers, après avoir fraudé le gouvernement, auraient moins de peine encore à tromper ou à violenter la consommation. Les sels qui diffèrent le plus en bloc, étant broyés en poussière et mélangés sous de certaines proportions, se confondront à l'œil; et, pour augmenter l'illusion, ils seront alliés avec des sels de mer, dont la nuance, tirant déjà sur le gris, doit contribuer à voiler leur impureté.

(Etat de la question, p. 31.)

La mine de Vic présente un cinquantième de sel blanc pur, auquel l'on ne peut rien reprocher, si ce n'est qu'il fond difficilement et qu'il est corrosif pour les beurres et les salaisons; un vingtième de sels blancs rouges, colorés par l'oxide de fer, qui joignent aux mêmes inconvéniens celui de répugner à l'œil, par leur teinte toujours rougeâtre; et, du reste, un cinquième de sel demi-gris, où sont renfermées des parties terreuses, et des sulfates de magnésie et de chaux; enfin, trois quarts de matières salifères, où l'essence saline est intimement liée avec l'argile, le silice et les mêmes sulfates, de sorte à ne pouvoir s'extraire qu'imparfaitement, même par la dissolution.

(Etat de la question, p. 79-80.)

« Il est probable que les exploitans de la mine ne vendront que du sel choisi *presque pur* pour le

(10)

service de la table. (La table veut dire ici la consommation.) P. 79.) »

« On destinera sans doute le sel blanc aux
usages de la table. Le sel demi-gris pourra encore
être vendu comme sel commun, pour le même
emploi. » (P. 82.)

« Les sels colorés en rouge, étant composés
de sel presque pur, pourront servir, par leur
mélange avec le sel gris, à en améliorer *encore* la
qualité. » (P. 77.)

Tous les projets de la compagnie nous sont dé-
voilés par les commissaires de l'Académie. Et on
ne s'était pas trompé. dans cet écrit, en disant
qu'elle n'entendait débiter que du sel gemme,
qu'elle coulerait du *sel presque pur* avec du sel
choisi, puis du sel demi-gris avec du sel blanc;
enfin, qu'elle mêlerait ensemble des sels purs et
des sels gris, pour voiler l'impureté et l'insalubrité de ces derniers.

(Etat de la question, p. 87 . 88.)

(Page 6.) « Un raffinage sera nécessaire pour
opérer la vente des quantités qui sont plus ou
moins colorées. »

(P. 10.) « Des usines seront nécessaires pour
égruger le sel blanc et raffiner celui qui est impur.»

Il semblerait que, dans la doctrine du rapporteur, la mine doit raffiner tous les sels colorés,
tous les sels autres que le sel blanc. S'il en est
ainsi, on le renverra aux *Considérations sur la
Mine,* afin qu'il lise de ses yeux que l'extraction
réduite au sel blanc est une véritable folie; et,
de plus, à l'*Etat de la Question,* afin qu'il ap-
prenne que ce système n'est soufflé que par l'es-

(11)

poir de frauder à la fois et le gouvernement et la consommation.

(Analise du rapport, p. 11.)

Cela ne nous regarde pas : c'est à l'administration de prohiber l'extraction des sels impurs, de veiller à la sécurité de la consommation. Ce serait lui faire injure, de mettre en doute son zèle et sa capacité.

Est-ce sur les temps écoulés que se fondent de telles garanties ? Lisez la *Notice de la Mine*, p. 49 ; n'y avait-il pas aussi une administration sous le sceptre tutélaire de nos Rois ? Et pourtant la chambre des comptes de Nancy, le parlement de Besançon se sont vus forcés d'intervenir. Or, le besoin advenant, où sont nos corps de magistrature investis du pouvoir de la haute police ? Hélas ! il n'est plus en France que des antichambres à courbettes, que des cabinets à paroles fausses ou vaines. Prenez donc garde à vous, et faites bien attention. La loi est-elle émanée des hauteurs du Mont-Sacré ? Que ce soit ou dans le calme, ou à travers les orages, la voilà lancée, sillonnant en traits de feu la carrière qui lui fut dévolue, renversant ou brisant les frêles résistances qui s'élèvent ; et, aggravant ses rigueurs de plus en plus, respectant de moins en moins ses limites : prenez garde : qui porte la loi, répond de la loi.

(Préambule de la discussion, p. 13.)

Il vient de jaillir soudainement un projet affligeant pour d'immenses régions, effrayant pour des provinces fidèles, un projet qui, dans la langue du parlement d'Angleterre, où tout se dit, parce qu'autrement rien ne se ferait, devrait se traduire ainsi qu'il suit :

« Bill portant autorisation au ministère actuel tant qu'il durera, ainsi qu'à tout ministère quelconque, tant qu'il en surviendra pendant quatre-vingt-dix-neuf ans, de concéder, maintenir et faire valoir, aux mains de telle ou telle compagnie, à la charge par elle d'être unique, à savoir le droit, privilége et monopole d'extraire telles matières qu'elle verra bon être du fond et très-fond de la mine de Vic ; *item*, de les livrer en l'état à tous les consommateurs parqués sous les barrières de l'Est et protégés contre l'invasion des sels de mer ; *item*, de les vendre et débiter, à prix non défendu, jusqu'au maximum de 15 à 18 fr. le quintal métrique, érigé spécialement en faveur du prix du bail dont elle est grevée ; le tout étant bien convenu entre le ministre de ce jour et la compagnie de ce siècle, sauf qu'en cas d'événemens ou d'altercations, la cause devra être jugée sommairement et souverainement, la compagnie entendue en ses dires et les provinces déboutées de droit, en manière d'arbitrage, par l'excellence, sise pour l'instant, en son fauteuil à bras, au cabinet du ministre des finances, rue de Rivoli, n° . »

(Historique de la loi, p. 4 et 5.)

SUR LE RAFFINAGE A GROS GRAINS.

LE sel fabriqué dans les salines n'a pas toujours été inoffensif. Des eaux saturées dans des argiles salifères, chargées de matières hétérogènes, et surtout de magnésie, exigent de grandes précautions dans la fabrication. La moindre négligence vicie le sel, ou le rend du moins excessivement amer (1); les variations de l'atmosphère altèrent souvent le degré de saturation des eaux, et ren-

____

(1) En 1760, le sel des salines de Lorraine était devenu si insalubre, que son usage causa des maladies. Le peuple s'en plaignit, l'autorité intervint, et la Chambre des Comptes de Nancy, par deux arrêts du 11 juin et du 3 septembre, ordonna de jeter à la rivière tous les sels qui n'auraient pas été purifiés dans le délai de trois mois.

En 1759, le Parlement de Besançon adressa des remontrances au roi, sur la qualité corrosive des sels fabriqués à Salins et à Montmorot; M. de Montigny, membre de l'Académie des Sciences, fut chargé par le gouvernement de vérifier si les plaintes des consommateurs étaient fondées, et il en reconnut la justice.

M. Quintard, directeur des Salines, dans son Mémoire, du 1er germinal an 5, sur les petites salines, dit que la santé des hommes était exposée, par des résultats de fabrication dégagés de surveillance et de responsabilité.

dent leur évaporation plus difficile : rien de semblable à craindre dans l'exploitation du sel gemme.

Le sel à gros grains, obtenu par une évaporation de 72 à 96 heures, est supérieur en qualité au sel à petits cristaux fabriqué par une ébullition vive de 24 à 48 heures. On réserve le premier pour les exportations; le second est livré à la consommation intérieure, et se vend plus cher. On s'est plaint quelquefois de cette différence de qualité (1). La nature, s'étant chargée elle-même du soin de fabriquer le sel gemme, il n'y aura pas de raison pour traiter moins favorablement les Français que les étrangers. (Extrait de la notice sur la mine de Vic, publiée par la compagnie, p. 48-50).

La seconde clause du bail obligerait les fermiers à ne livrer que des sels raffinés à gros grains et épurés à 98 parties de muriate de soude. C'est la notice même sur la mine de Vic, dont l'extrait est ci-dessus, qui fournit des motifs puissans pour réclamer le raffinage à gros grains.

Car, les eaux où sera dissous le sel gemme, étant chargées des mêmes substances impures que les eaux souterraines qui en ont traversé les cou-

---

(1) « Le muriate de soude pur ou à gros grains était exclusivement réservé pour la Suisse; celui des Français restait souillé de toutes les matières étrangères que les eaux entraînent, et dont quelques-unes le rendaient nuisible à la santé, dans la préparation des alimens. » (Rapport de Loysel, p. 5.)

M. Berthier de Roville, dans son Mémoire, lu en 1810, à l'Académie de Nancy, se plaint de ce que les sels destinés à l'exportation sont deux fois meilleurs que ceux qui sont fabriqués pour les ventes à l'intérieur.

ches, les mêmes prescriptions doivent être impo-
sées aux cuites de sel gemme qu'à celles de sources.

En outre, l'analise des sels de Vic prouvera
que le résidu commun des 14 échantillons, pris
dans toutes les nuances de gris et demi-gris,
donne 20 pour 100 de sulfate de chaux ; lequel
sulfate, qui est de nature purgative, ne pourrait
s'éliminer par une ébullition trop vive. (Etat de
la question, p. 17-18).

Mais laissons ces anomalies ; car il ne s'agit ici
que des sels de sources salées, formant cinq ar-
ticles, dont l'analise provient du *Journal des
Mines*, et est insérée dans le tableau joint au rapport fait à l'Académie.

On y voit que ces sels, en raison du mode de
raffinage, donnent de 98-67 à 85-50 centièmes
de muriate de soude ou de sel pur ; c'est-à-dire,
pour les premiers, dix centièmes de plus, et pour
les derniers dix centièmes de moins que ne donnent les sels de mer du commerce.

On y voit que le sel des bassins ne contient
qu'un centième de divers sulfates ; que le premier
sel de chaudière en contient déjà plus de cinq
centièmes ; le second près de six centièmes ; le
dernier, enfin, douze centièmes et demi.

Du sel des bassins au dernier sel des chau-
dières, il n'est pas d'autre différence, sinon qu'il
y a 13 pour 100 en muriate de soude de plus
dans celui-là, et 12 pour cent en sulfate de magnésie de plus dans celui-ci.

La balance est exacte ; il y a poids pour poids ;
seulement est-ce du muriate ou du sulfate, dont
vous comptez repaître les habitans de l'Est ? est-ce
un digestif ou un laxatif que vous devez leur ad-

ministrer?..
....

Il n'y a qu'un remède, qu'un moyen de salut : c'est d'obliger les fermiers, ou régisseurs, à ne livrer que des sels cristallisés à gros grains, à 96 centièmes de muriate de soude, par une évaporation de 72 à 96 heures, comme il est si bien dit dans la notice. (Etat de la question, p. 93-94).

FIN.

Paris, de l'Imprimerie d'A. Egron, rue des Noyers, n° 37.